U0053131

諾貝爾的科學教室

國家圖書館出版品預行編目資料

諾貝爾的科學教室：科學發展真的是好的嗎? / 李香晏著; 盧俊九繪; 莊曼淳譯.－－初版一刷.－－臺北市: 三民, 2019
面; 公分.－－(奇怪的人文學教室)

ISBN 978-957-14-6533-3 (平裝)

1.科學史 2.兒童讀物 3.人文學

309 107021263

© 諾貝爾的科學教室
——科學發展真的是好的嗎?

著作人	李香晏
繪圖	盧俊九
譯者	莊曼淳
責任編輯	洪翊婷
美術設計	陳智嫣
發行人	劉振強
發行所	三民書局股份有限公司
	地址 臺北市復興北路386號
	電話 (02)25006600
	郵撥帳號 0009998-5
門市部	(復北店) 臺北市復興北路386號
	(重南店) 臺北市重慶南路一段61號
出版日期	初版一刷 2019年1月
編號	S 600350

行政院新聞局登記證局版臺業字第〇二〇〇號

ISBN 978-957-14-6533-3 (平裝)

http://www.sanmin.com.tw 三民網路書店

三民書局

作者的話

小時候，我常為美國的科幻電影感到驚奇不已。電影中，跟人類外表相似的機器人會開口說話，而人類也會飛到浩瀚宇宙中的某顆行星，和居住在上面的外星人戰鬥。

我每次都一邊看電影，一邊和朋友們嘀咕道：

「這種事怎麼可能發生呢？因為是電影才有可能吧？」

不過，這並不是只會發生在電影裡頭的幻想，因為現在的世界正是這樣的世界。除了世界各國的太空船爭相飛往浩瀚宇宙之外，甚至發展出開拓地球以外其他行星的計畫；機器人已然成為人類的朋友，人工智慧程式甚至可以和世界級的圍棋好手一決高下；人類基因的祕密已被解開，為複製人開啟新的可能。過去人們的想像全都有實現的可能，這就是科學的力量。

人類的想像居然全都可以實現！我們不得不對科學的力量感到驚豔。科學究竟可以發展到什麼地步呢？

不過，科學發展所引發的副作用，也使有些人對驚人的科學發展感到害怕和不安。科學發達最大的副作用正是環境汙染。隨著地球環境被破壞，我們正經歷著被稱為地球暖化的巨大災害。除此之外，科學發展還會伴隨著生命道德、過度機械化而導致的失業問題等各式各樣的問題。

被譽為最偉大的發明家兼科學家的諾貝爾，竟然也因為自己的發明所產生的副作用，而陷入深深的苦惱之中。究竟諾貝爾的煩惱是什麼呢？

杜利在奇怪的人文學教室裡，與諾貝爾一起踏上了解決煩惱的旅程。他經歷了怎樣的一趟旅程呢？現在就和杜利一起進入故事中吧！

李香晏

目次

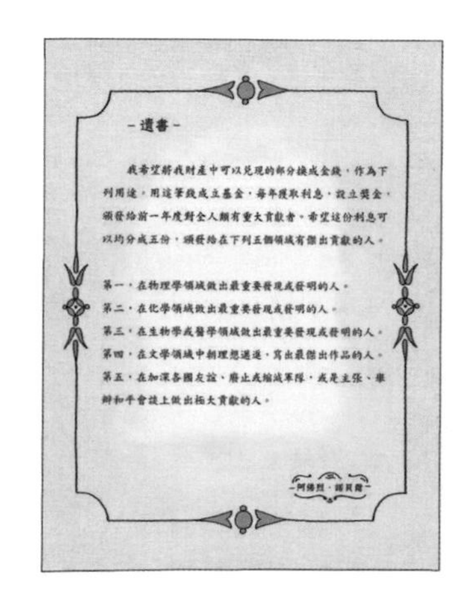

－遺書－

我希望將我財產中可以兌現的部分換成金錢，作為下列用途，用這筆錢成立基金，每年獲取利息，設立獎金，頒發給前一年度對全人類有重大貢獻者。希望這份利息可以均分成五份，頒發給在下列五個領域有傑出貢獻的人。

第一，在物理學領域做出最重要發現或發明的人。
第二，在化學領域做出最重要發現或發明的人。
第三，在生物學或醫學領域做出最重要發現或發明的人。
第四，在文學領域中朝理想邁進，寫出最傑出作品的人。
第五，在加深各國友誼、廢止或縮減軍隊，或是主張、舉辦和平會議上做出極大貢獻的人。

－阿佛烈・諾貝爾－

學伴機器人的特別課程

介紹這本書中出現的奇怪人物們！

江杜利

夢想獲得諾貝爾獎，擁有雄心壯志的小男孩。在科學發明競賽得獎的那天，碰巧進入了「奇怪的人文學教室」，展開了一場驚奇之旅。在這場旅行中要完成一個任務。杜利必須完成的任務是什麼呢？杜利有可能順利完成嗎？

諾貝爾

是我們熟知的那個科學家諾貝爾嗎？他的身體會不停閃爍，看起來怪怪的！

伊曼紐爾

諾貝爾的侄子。是「消失的遺書」事件中的重要嫌疑人。

蘇特納夫人

諾貝爾的朋友，也是一名信奉和平主義的作家。她也和「消失的遺書」事件有關嗎？

長相看起來就不太尋常的奇妙機器人！他究竟是何方神聖？

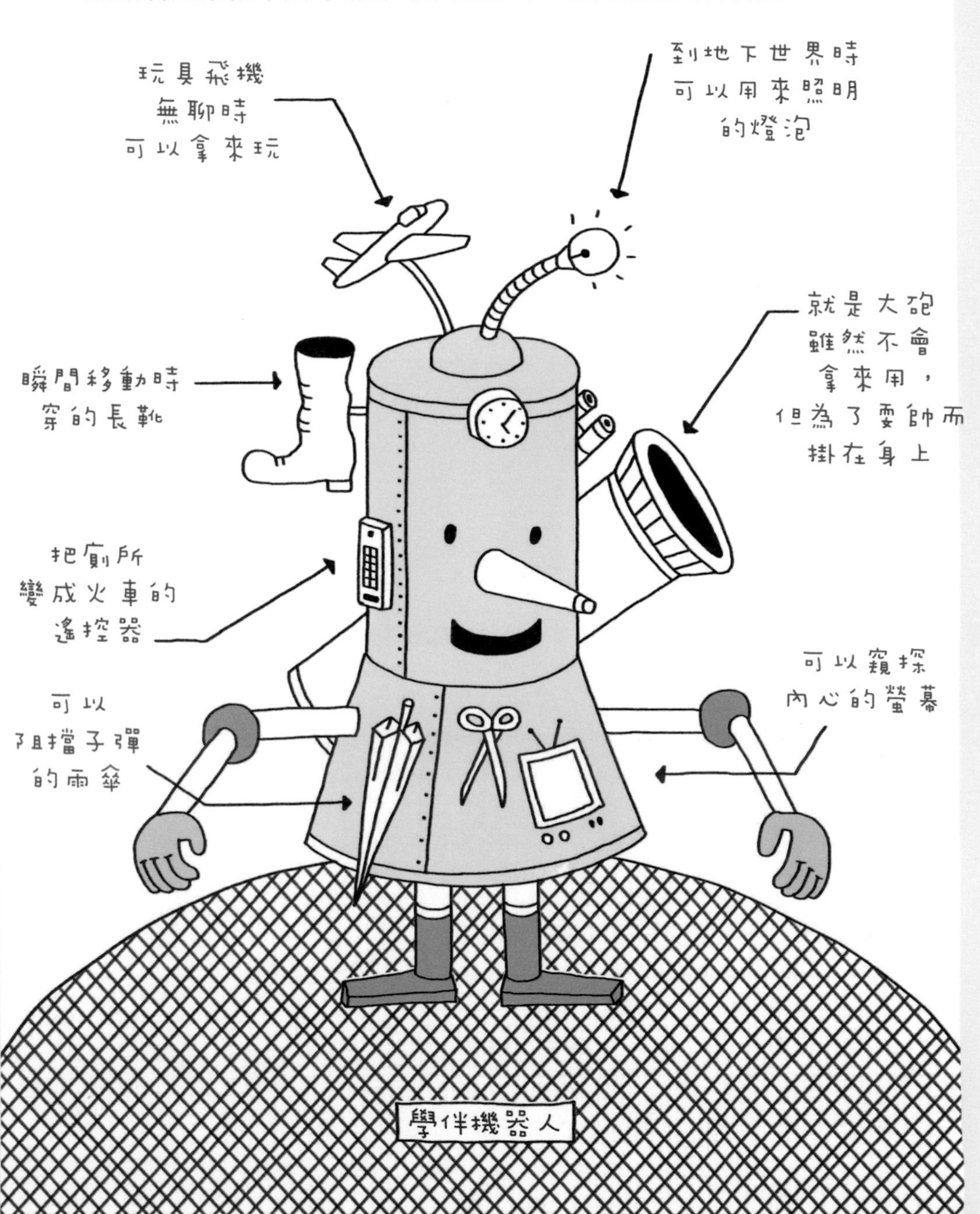

1. 非常奇怪又特別的旅行

「本次競賽的優勝者是……」

主持人的聲音在禮堂內迴響著。今天是「第一屆全國兒童最佳科學發明競賽」舉辦的日子！終於到了公布優勝者的這一刻。

「咕嘟！咕嘟！」

總是不自覺地吞著口水，心臟撲通撲通跳個不停。

我的名字是江杜利！在學校，我是最聰明的科學天才，大家也都覺得我將來一定會成為諾貝爾科學獎得主，所以同學們都叫我「諾貝爾杜利」。我的夢想也像「諾貝爾杜利」這個綽號一樣厲害、一樣偉大。

「我一定要成為像諾貝爾一樣偉大的發明家，得到諾貝爾獎。」

諾貝爾是世界著名的科學家兼發明家，據說他很有錢，也很有名。舉世聞名的「諾貝爾獎」就是以他的名字命名的呢！

看著我以諾貝爾獎為目標，陶醉在科學與發明的世界裡，坐我隔壁的好友小潭一臉好奇地問道：

「杜利，你為什麼這麼喜歡科學？為什麼這麼喜歡發明呢？」

「當然喜歡囉！有什麼事比科學更酷的呢？現在的科技越來越發達，出現了各種酷炫新發明，大家的生活不都因為這樣而變得更加便利了嗎？妳想想看如果沒有洗衣機或冰箱這些發明，生活會有多不方便啊！如果沒有發明電風扇和冷氣，夏天會熱死的。也就是說，科學能讓我們的生活變得方便又幸福。所以，一定要大力發展科學。我也一定要創造偉大的發明，成為有名的科學家。」

小潭聽完我說的話，卻是不以為然地搖搖頭。

「科學的發達的確讓我們的生活變得更便利，不過，科學帶給我們的一定是幸福嗎？你有沒有想過事情可能不只是這樣？」

小潭的綽號是「小老頭」，因為她常常像這樣提出一些很像大人才會說的話，現在也像個老頭子一樣碎碎唸 。 不過，這都是因為小潭不了解才會這麼說。本來要發展科學就免不了會產生一些犧牲或是危險後果，像是公害、汙染這些事。我覺得如果想要享受科學所帶來的便利與幸福，同時也應該承受這些代價。

「妳想像一下，未來科技超級發達的樣子。只要用手指按下按鈕，就有好吃的飯可吃。人工智慧機器人可以和我們下棋，還可以跟我們一起運動，跟我們當好朋友，這種日子已經不遠了！不覺得很酷嗎？」

我還沉浸在未來美好的想像中，小潭卻毫不猶豫地繼續朝我潑冷水。

「這一定是好事嗎？人類的工作全都被機器取代的話，大家還有什麼工作可以做呢？活在那樣的世界真的會覺得幸福嗎？」

小潭真是一個無趣又死板的小孩。好想快點換座位，這樣就不用繼續聽她碎碎唸了。其實我也沒空煩惱這些。因為如果要發明一個讓大家都嚇一跳的東西，拿到諾貝爾獎，就得從現在開始好好準備才行。而且我此時就正在往目標大步邁進。今年我代表學校參加「第一屆全國兒童最佳科學發明競賽」，現在就要宣布我得到優勝了，好緊張喔！

咕嘟！就在我緊張得直吞口水的時候，主持人公布了優勝者的姓名。

「優勝者是常春國小五年級的江杜利同學。」

我就說吧！還有誰能做出比我的發明更酷的東西呢？

我馬上從位子上站起來。

啊，看看那些望著我的視線，那些充滿羨慕與尊敬的眼神！

「哇！」

歡呼聲和掌聲傾瀉而出。享受著眾人的喝采與稱讚真是一件讓人開心的事。

但是，除了掌聲和稱讚之外，我參加這次比賽的原因，其實是為了一樣很想得到的東西——那就是優勝者一人獨享的「奇異發明之旅周遊券」。這張周遊券是可以參觀世界各國發明展的旅遊券，這可是我一直以來夢寐以求的旅行。

「頒獎典禮將在十分鐘後開始，請各位先稍作休息。」

主持人的話讓我陷入莫名的焦躁。

「吼，怎麼還不快點頒獎？」

我想要快點拿到周遊券啊！我焦急得直跺腳，但偏偏這個時候突然很想尿尿，我忍不住夾緊雙腿。

「得去上個廁所才行。」

我急忙走出禮堂，跑向廁所。

遠遠地可以看見黃色的廁所門。黃色的門上畫著代表廁所的標誌，標誌下面貼著一張公告，公告上面應該是寫著「廁所」吧！

不過，靠近一看，公告上的文字有點奇怪。

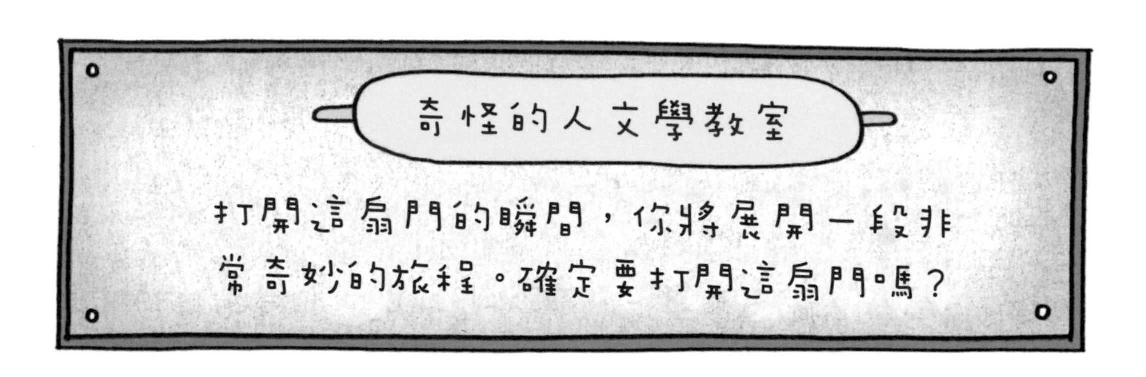

廁所的門上為什麼會貼著這樣的公告呢？我雖然疑惑地歪著頭，但還是用力地打開了門。我的膀胱已經瀕臨極限，兩隻腿都快打結了。

喀啦！

就在門打開的瞬間。

「叭叭啦叭叭！」

響起了一陣吵鬧的聲音，一個陌生人突然出現。

「歡迎來到奇怪的人文學教室。你今天要上的課程是『跟諾貝爾老師一起踏上奇異科學之旅』。你已經做好啟程的準備了吧？嗶哩哩哩！」

這究竟是怎麼回事？跟諾貝爾老師一起踏上奇異科學之旅？還有，眼前的這個傢伙為什麼長成這個樣子？身體像個長長的罐頭又硬又笨重，上面還有眼睛、鼻子和嘴巴。頭和身上則掛著各種奇奇怪怪的物品，有燈泡、迷你飛機模型、時鐘、大砲、氣球、剪刀，甚至還有長靴……。簡直就像個把各種發明物品掛在身上的鐵桶機器人。我被這個奇怪長相的機器人嚇得連原本急著解放的尿意都消失了。

「你……你是誰？」

鐵桶機器人對著慌張的我說：

「我是你的學伴機器人。這裡是科學教室，我是為了帶你踏上特別的科學之旅而來的。雖然剛才已經問過一次了，你做好心理準備了嗎？嗶哩哩哩！」

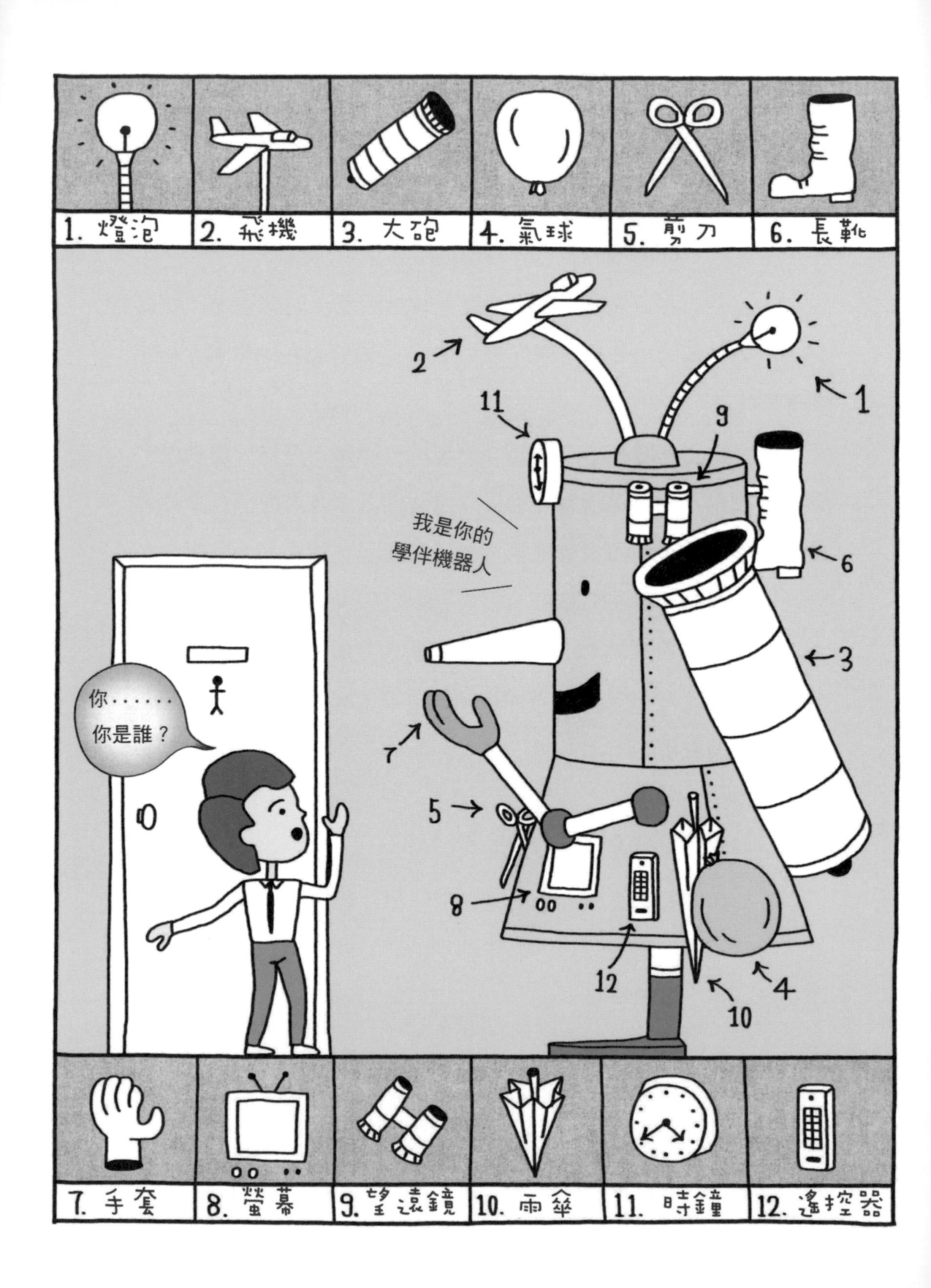

1. 燈泡
2. 飛機
3. 大砲
4. 氣球
5. 剪刀
6. 長靴
我是你的
學伴機器人
你……
你是誰？
7. 手套
8. 螢幕
9. 望遠鏡
10. 雨傘
11. 時鐘
12. 遙控器

科學教室？旅行？原本一臉不知所措，呆呆站著的我突然想通了。

「啊哈！原來這就是送給優勝者的獎品呀！」

這次優勝的獎品不就是「奇異發明之旅周遊券」嗎？所謂的「奇異」指的就是像這樣突然開始、像夢一般的旅程吧！

「可是頒獎典禮還沒開始，就要先踏上旅程了嗎？」

雖然有點驚訝，但是我的心卻撲通撲通地狂跳。我既期待又緊張，不自覺地咕嘟咕嘟吞著口水。

「不過，要怎麼出發呢？會有車來這裡接我們嗎？還是要去機場呢？」

學伴機器人搖搖頭。

「不需要那麼做，這裡就可搭乘即將帶你前往夢幻國度的火車！嗶哩哩哩！」

「可是這裡什麼都沒有呀？」

正當我左顧右盼、東張西望的時候，學伴機器人從掛滿全身的物品中，抽出一個長長的遙控器。接著，朝著一間間的廁所門按下按鈕，大喊：

「科學火車，讓我們踏上旅程吧！嗶哩哩哩！」

嗶嗶嗶！

遙控器發出一陣特別的聲響。瞬間，神奇的事情發生了。一扇扇緊閉的廁所門突然嘎吱嘎吱地扭動了起來，並飄向空中，變成一輛長長的火車。

「哇啊！」

這驚人的場面讓我看得目瞪口呆。這個時候，一扇廁所門，不，應該是火車門緩緩地打開了。

「快點搭上科學火車！火車裡面就是諾貝爾老師的科學教室。你即將和諾貝爾老師一起展開一段非常特別的旅程。嗶哩哩哩！」

我的天呀！機器人說的是那位歷史上赫赫有名的科學家諾貝爾嗎？該不會是一位打扮成諾貝爾的演員吧？我突然興起一陣好奇。

我立刻搭上了火車。要是繼續猶豫下去而錯過了這班火車，那就大事不妙了。

一搭上車，便看到學伴機器人揮著手大聲喊道：

「記住！一旦搭上火車，就不能輕易回頭！一定要完成任務才能回來。祝你和諾貝爾老師順利完成任務！嗶哩哩哩！」

2. 諾貝爾獎將消失？

火車內一片昏暗，車上昏黃的燈泡不停一亮一滅，讓人感到毛骨悚然。黃色燈泡在第九次亮起的時候，發出「啪」的一聲，一道人影突然出現在眼前。

「你就是在這次競賽獲得優勝的孩子呀？我等你很久了。」

好像是諾貝爾老師。不，應該是打扮成諾貝爾老師的演員。其實，我偶爾會想像科學家諾貝爾的樣子，一定很帥氣挺拔吧？

但是，這是怎麼一回事？眼前出現的諾貝爾老師是一位老爺爺。一位身形矮小、身材乾癟，有著一臉濃密鬍鬚的藍眼老人。

「要扮的話，也扮得帥氣一點吧？就像真正的科學家諾貝爾一樣。」

看著我不停發牢騷的樣子，諾貝爾老師臉上出現沮喪的表情。

「真正的諾貝爾？沒錯，連我也不知道，自己到底是不是諾貝爾。好像是諾貝爾，又好像不是……」

怎麼會有這種演員？我突然感到一陣煩躁。

「所以，您到底是不是諾貝爾？」

就在這時，諾貝爾老師深深地嘆了口氣，說出一句出人意料的話：

「其實我不是人。我昨天死掉了，現在只是個靈魂。所以，我才會說我好像是諾貝爾，又好像不是諾貝爾。」

我感到恐懼。仔細一看，諾貝爾老師的樣子的確有點奇怪。外型看起來有點模糊，身影好像輕飄飄的。他的聲音在車廂裡聽起來呼呼作響，就好像風聲一樣。

諾貝爾老師直盯著臉色蒼白的我說道：

「孩子，你幫我個忙。就像我剛才說的，我已經不在這世上了。我想要放下一切到天國報到，但是我的遺書卻神不知鬼不覺

地不見了。知道這件事之後，我一直無法放心到天國去。但是我現在只是一個靈魂，什麼都做不了，只能在心裡乾焦急。這時剛好有個叫『學伴機器人』的傢伙出現了，他要我成為發明競賽優勝者的科學老師。他還告訴我，如果和那個孩子同心協力，就可以找回我的遺書。求求你，幫幫我吧！」

我聽得瞠目結舌，一時之間都還會意不過來。

「所以，您真的是科學家諾貝爾嗎？」

「當然！我就是發明矽藻土炸藥的阿佛烈．諾貝爾。」

嚇！我不自覺地發出一聲驚嘆。這麼說，發明競賽優勝的獎品——「奇異發明之旅周遊券」就是和真正的諾貝爾見面？也對！這樣才稱得上是「奇異之旅」。這麼特別的旅行，我一定要好好享受一下。

「所以說，老爺爺您就是那位發明『砰！』一聲炸開的矽藻土炸藥的諾貝爾。哇！太酷了，老爺爺。我的夢想也是要創造出那種帥氣的發明。」

但是，諾貝爾爺爺的眼神卻透露出一些不自在，他深深地嘆了口氣。

「問題就出在這裡呀！哎！我怎麼就發明出這麼危險的東西了呢？」

老爺爺搖搖頭後，緊緊抓住我的手說：

「總之，得快點到我的房間裡把遺書找出來。你幫幫我吧！」

就在此時，火車鳴起汽笛聲，然後騰空飛了起來，沿著黃色的燈光向前奔馳，繞了好幾圈後，轉瞬間，火車突然就被吸入了某個地方。

「杜利，快醒醒啊！」

聽到諾貝爾爺爺的呼喚，我睜開了眼睛。一個陌生的房間映入眼簾。

「這裡是我在義大利的房間。」

這個房間的家具和裝飾都好特別，就像是常在電影中看到的那種房間一樣，充滿百年前的歐洲風情。兩支散發昏黃火光的蠟燭，讓房裡的氣氛顯得更加怪異。令人驚訝的不只這個。我望向床，床上有個人正在睡覺。會是誰呢？我上前一看，忍不住發出一聲驚叫。

「呃啊啊！」

那是諾貝爾爺爺。我的天呀！諾貝爾爺爺現在正站在我身邊，但居然還有另外一位諾貝爾！這麼說來……這麼說來……

1896
12
呃啊啊！
居然有
兩個諾貝爾！
不是說
我昨天晚上
才剛過世的嘛

「你不用這麼害怕。我不是說過我昨天晚上才剛過世的嘛？」

我身邊的這位諾貝爾爺爺居然真的只是一個靈魂！

我看了一眼掛在牆上的月曆。1896 年 12 月！天呀！我居然來到了 1896 年。雖然起了一堆雞皮疙瘩，但是我很快就打起精神。因為，我突然想起學伴機器人最後說的那句話。

「記住！一旦搭上火車，就不能輕易回頭！一定要完成任務才能回來。祝你和諾貝爾老師順利完成任務！嗶哩哩哩！」

我要完成的任務就是找出遺書。如果想要回家，就必須完成任務！

「只要找出爺爺活著的時候，所寫的遺書就可以了吧？」

我一一翻找房間裡的抽屜，找出了一個看起來像是「遺書」的白色信封。

諾貝爾爺爺搖搖頭。

「那是假的！不是我寫的。雖然是我的字跡沒錯，但是內容完全不一樣。真是瘋了，到底是誰把我的遺書調包的？在我閉上眼睛之前，真正的遺書明明還在的……」

假遺書的內容是這樣的。

ALFRED
NOBEL
我，阿佛烈・諾貝爾
將把累積至今的所有財產
全數留給我的祖國瑞典和我的侄子們。
真正遺書的內容是什麼？
這是假的！

諾貝爾爺爺的財產想必非常龐大。遺書上說，要把所有財產全都留給侄子們和他的祖國，如果這份遺書公諸於世，侄子們和瑞典國民不知道會多開心。

但是，諾貝爾爺爺依舊搖搖頭。

「一定要在今晚結束之前，找到我真正的遺書。等到天一亮，我的律師兼遺書執行人就會過來確認遺書，向外發表。這樣一來，這份假遺書就會被當成真遺書了！」

看著窗外已是一片漆黑。我所在的那個世界應該還是白天，這裡卻已經是晚上了！這一切讓我不知道該怎麼辦才好。我努力打起精神，向諾貝爾爺爺問道：

「真正遺書的內容是什麼？」

不過，諾貝爾爺爺卻一句話也不說，只是緊緊閉著雙唇。真正的遺書上到底寫了什麼？

「看您難以啟齒的樣子，內容一定很讓人意外。該不會是想在死了以後，把所有的財產和自己一起送進墳墓吧？不想和別人分享自己一輩子累積的財產。沒錯，一定是這樣！所以才說不出口。真是個貪心的老頭子！」

我突然覺得眼前的老爺爺很令人厭惡。正當我嘟著嘴，一個人碎碎唸的時候，諾貝爾爺爺對我說：

「杜利，從我的立場來看，你是來自未來的孩子，所以，我可以問你一些有關未來的事嗎？在你生活的世界裡，有沒有『諾貝爾獎』這種獎？」

「當然有！我的夢想就是得到那個獎。」

「太好了！不過，如果現在沒辦法找到那份消失的遺書，諾貝爾獎就會消失，也會從你生活的世界消失，所以我們一定要找到遺書才行。」

諾貝爾獎會消失！我的心臟突然「砰」一聲墜入谷底。

「為什麼？」

「找到真的遺書之後，你就會知道了。不過要是一直找不到，而且假遺書也被公開的話，一切就完了！」

不行！不可以！絕對不可以！

「爺爺，我們快找出遺書吧！快點！」

3. 尋找消失的遺書！

如果遺書是假的，就必須先弄清楚究竟是誰、為了什麼目的偽造了遺書。我想起了平常最愛看的推理電影和漫畫情節，試著化身為故事裡的偵探。

通常在這種狀況下，如果我是偵探，會先從諾貝爾爺爺身上找尋線索。

「這份遺書上的字，確定是爺爺您的字嗎？」

「我也覺得很納悶，明明沒有寫過這種遺書，但是上面的字跡的確是我的。真是見鬼了！」

「這麼說來，應該是有人模仿了爺爺的字跡。那麼，誰會因為這份假遺書而獲得利益呢？只要找出是誰，就可以抓到犯人了。」

我敏銳的推理能力開始派上用場。仔細檢查完遺書，我拍了拍手。

「嫌疑犯可能是某個國民，也有可能是爺爺您的某位侄子。」

「你為什麼會這麼想？」

「您看看這份假遺書。因為這份遺書而獲得好處的人正是瑞典國民和您的侄子們，所以他們是這起事件中最可疑的人。」

我的推理真是越來越厲害了。

偵探的聲音也很重要，所以我試著用更成熟、更穩重的語調向諾貝爾爺爺問道：

「不過，好奇怪喔！如果是諾貝爾爺爺的遺書，就算是假的，也應該要先寫到把財產留給妻子或子女的內容吧？」

「可惜我沒有妻子，也沒有小孩。我這輩子都沒有結婚。」

「啊哈！原來如此。」

我稍微思考了一下後，走向房門。

醫生夫婦
實驗室員工
律師
侄子
你為什麼
會這麼想？
犯人就在瑞典國民
或侄子們之中

「我們先出去觀察一下瑞典人民吧！因為第一個嫌疑犯就是瑞典的人民。」

諾貝爾爺爺突然拉住我的手臂說：

「杜利，這裡是義大利一個叫做聖雷莫的地方。我在瑞典、法國、德國等好多個國家都有房子。晚年大多在義大利這裡度過。所以如果你想觀察瑞典的人民，就要先飛去瑞典才行。」

神奇的事又再度發生了。爺爺「咻」地一聲飛到空

中，他抓住我的手臂，使我也跟著騰空飛起。

「變成靈魂之後還有這個好處啊！不但可以穿越到未來，還可以瞬間移動到這麼遠的地方。」

爺爺的話一點也沒錯。我們飛在空中，像光一樣前進，彷彿瞬間移動似地，轉眼就到了瑞典。

瑞典的大街小巷充滿悲傷的氣氛。到處都在發送刊登著諾貝爾爺爺死訊的報紙，人們都帶著難過的表情哀悼著。

「諾貝爾死了？我不相信！」

「傑出的科學家就這樣殞落了。我們失去了一位偉人。」

看到瑞典人民因為自己的死而感到哀傷的樣子，諾貝爾爺爺不禁感動地紅了眼眶。

「我們的想法太愚蠢了，竟然冤枉了無辜的祖國人民。我們回去吧！」

我只能點點頭。因為要從無數個悲傷的人中找到嫌犯，一開始就是不可能成功的任務。

一回到房間，我又再次進入偵探模式。太陽就要出來了，沒有時間繼續蹉跎了。我再次向諾貝爾爺爺丟出犀利的問題。

「您還記得昨天誰來過這間房間吧？」

「當然記得。」

「犯人應該在那些人裡面。您不是說，直到您逝世前，真正的遺書還在這間房間裡嗎？這麼說來，一定是有人在這段時間來到房裡，把遺書調包了。有誰來過這裡呢？」

「擔任我遺書執行人的律師和醫生有來過，他們確認我嚥下最後一口氣之後就回去了。對了！我的侄子伊曼紐爾也來過。他一聽到消息便連夜趕了過來。他繼承了我父親『伊曼紐爾・諾貝爾』的名字，他一聽到我離開人世的消息，便一直嚎啕大哭，現在應該在其他房間休息著。」

我立刻揪出了最有可能的嫌疑人。

「那醫生、律師，還有侄子是嫌疑最大的人。」

諾貝爾爺爺臉上浮現不對勁的表情。

「我的律師不可能這麼做。他一輩子都跟在我身邊，遵從我的意願。而且，他也沒有動機偽造遺書。這對他一點好處也沒有，醫生也一樣。」

是啊！這樣一來，就只剩下一個人了。如果是因為假遺書而可以獲得龐大財產，而且昨天也曾到過這間房間裡的人呢？

「犯人就是您的侄子伊曼紐爾！」

我自信滿滿地喊道。

「爺爺平時應該說過不會把財產留給侄子吧？所以伊曼紐爾才會偽造遺書，想要得到遺產。」

儘管聽了我合理的推斷，諾貝爾爺爺還是搖了搖頭，似乎難以接受自己的侄子變成嫌犯。

「我的確跟侄子們說過不會留任何財產給他們。所以真正的遺書上，我的侄子們一分錢都拿不到。雖然如此，但我相信他們都不是會做出那種事的孩子。」

諾貝爾爺爺輕輕地搖了搖頭。

就在此時，門「咿呀」一聲打開，有個身影迅速閃入房內，我慌張地抓住諾貝爾爺爺的手。這種時候，幸好諾貝爾爺爺只是個靈魂，只有我可以看到他，而且只要抓住爺爺的手，我也可以瞬間隱形。

「到底是誰？」

看到那個人的臉，諾貝爾爺爺突然大吃一驚。

「怎麼會是伊曼紐爾？」

沒錯！那個人正是諾貝爾爺爺的侄子——伊曼紐爾。我的推理果然千真萬確。人家不是說，犯人總是會再次回到犯案現場嘛！他一定是來確認自己偽造的假遺書。

伊曼紐爾坐在已經斷氣的諾貝爾爺爺身旁，靜靜望著爺爺好一陣子後，他緩緩起身，開始在房裡翻箱倒櫃。

「您看吧！這不是很奇怪嗎？他一定是在找爺爺其他的財產，

1896
12
到底在哪裡？
為什麼
找不到？
侄子
伊曼紐爾
是最有可能
的嫌疑人
嫌疑人1
嫌疑人2

像是黃金或珠寶之類的。」

諾貝爾爺爺露出傷心的表情。

「老天爺啊！伊曼紐爾，你真的做了那種事嗎？」

伊曼紐爾在書桌的抽屜裡找到一樣東西，他把那東西放進衣服口袋後，急急忙忙地離開了房間。

我著急地拉著爺爺的手臂說：

「爺爺，緊急情況啊！我們要跟上去找到證據才行。一定要弄清楚他拿走了什麼！」

4. 諾貝爾的眼淚

離開房間的伊曼紐爾走進主建築旁邊的一幢小房子。

「這裡是我做實驗時使用的實驗室。伊曼紐爾為什麼要來這空盪盪的實驗室呢？」

我和諾貝爾爺爺跟著伊曼紐爾進入實驗室。

實驗室裡堆滿了各種實驗器材。真不愧是大科學家的實驗室，這裡充滿了各式各樣新奇的玩意。我不禁瞪大雙眼喃喃自語了起來：

「哇！這裡真的是那個諾貝爾的實驗室嗎？」

居然有幸一睹世界級科學家諾貝爾的實驗室！我的心撲通撲通，激動得狂跳不已。

不過，沒有時間繼續驚嘆了，伊曼紐爾快速從口袋裡掏出了一樣東西。

「一定是黃金或寶石！」

不過，事情完全出乎我意料之外。他從口袋裡拿出來的東西，跟我所想的完全不同。

「那是什麼？」

我不知所措地向諾貝爾爺爺問道。

「原來是照片啊！是我年輕時候的照片。但是伊曼紐爾為什麼要把那些照片帶來這裡呢？」

真的是諾貝爾爺爺年輕時的黑白照片。照片中，年輕的諾貝爾正在專注地做實驗。有些照片記錄了爺爺測試炸藥爆炸性能的樣子；有些則是爺爺和兄弟們穿著老舊的實驗服一起聊天的模樣。

看著照片，我的心臟激烈地跳著。雖然只是看了幾張照片，但是可以因此見到年輕時的諾貝爾，我感到既神奇又感動。

伊曼紐爾靜靜望著照片許久，接著開始低聲自語道：

你真的
是犯人嗎？
我一直
為叔叔
感到驕傲

「叔叔，我一直為叔叔感到驕傲。我知道您為了發明矽藻土炸藥，歷經了多少辛苦。這裡的東西都是叔叔努力的血汗結晶，我會好好珍惜的。還有，這些照片我也會好好保存。我這輩子都會一直記得叔叔的努力與熱情。」

啊，看來我真的誤會伊曼紐爾了。伊曼紐爾將照片整齊地放在桌上後，便走出了實驗室。

諾貝爾爺爺似乎也沉浸在感傷中，眼眶濕濕的。他站在炸藥爆炸實驗場面的照片前，視線久久無法移開。

「以前用在礦坑或施工現場的炸藥風險很高，隨時都可能會爆炸，所以我就下定決心要發明出安全的炸藥。最後發明出的矽藻土炸藥，減少很多發生在施工現場的爆炸意外，因此拯救了許多人的性命。當時，我一心一意只想做出安全的炸藥，一頭栽進了炸藥研究。當然，我那時也有野心，很想透過發明炸藥賺錢與出名。」

「太厲害了，諾貝爾爺爺！成功研發出理想的發明，是什麼感覺呢？應該像飛上了天一樣，又開心又幸福吧？」

但爺爺一臉黯淡地搖了搖頭。

「不，我覺得非常痛苦。因為在那之後，甚至有人稱呼我為『死亡商人』。我不斷被人辱罵、責難，過得很辛苦。」

死亡商人？被人辱罵？偉大的科學家諾貝爾為什麼會被這樣稱呼呢？既然發明了安全的炸藥，應該要受到人們的讚揚才對呀？

「因為我的炸藥被用來當作戰爭的武器。」

啊！我這才恍然大悟。炸藥也會被用來當成殺人武器，所以原本是要用來救人的發明，卻變成了殺人的可怕武器。

「這麼看來，諾貝爾爺爺您應該很震驚吧？原先應該根本沒想到炸藥會被用來當作武器。」

但是，諾貝爾爺爺說出了一句意料之外的話：

「不！其實我早就猜到了。因為在這之前，炸藥早就已經被用來當作武器了。」

「真的嗎？所以爺爺早就知道自己的發明可能會被當成武器了嗎？」

「當然，我和我的兄弟們甚至還成立了一間武器工廠。」

我無法理解。諾貝爾爺爺居然曾經開過武器工廠！

諾貝爾爺爺平靜地繼續說道：

「我啊，那時候是這樣想的，我的發明說不定可以成為讓戰爭消失的武器。」

「怎麼可能？武器要怎麼讓戰爭消失呢？」

「如果可以發明一種威力強大的炸藥，只要一爆炸就能徹底破壞戰場，看到的人一定會感到非常害怕。這樣一來，人們就會下定決心，再也不要挑起戰爭。那麼戰爭就會從這世界上消失。所以我那時認為，只要隨著科學的發展，出現更多厲害的發明，整個世界就會變得

更安全、更幸福。」

我搞不懂。諾貝爾爺爺的話聽起來似乎有些道理，卻又有些沒道理。

下一秒，諾貝爾爺爺突然痛哭失聲。

「嗚嗚！但是，這世界並未照我想像的樣子改變。戰爭武器越來越狠毒，許多人因此喪命。俄羅斯、法國、英國、德國等世界列強不斷挑起戰事，製造殺傷性武器。我那時才明白，我的想法錯得離譜。人們叫我『死亡商

人』，是理所當然的事。」

諾貝爾爺爺帶著痛心的表情問我：

「你來自未來，應該知道吧？杜利呀！我死了之後，人們應該不會繼續把我的發明當作武器使用了吧？該不會又發生戰爭了吧？」

轟轟！就在此時，一陣吵雜的聲響傳來，火車又再次出現在我們的眼前。彷彿是在回答諾貝爾爺爺的疑問，車上傳來廣播的聲音。

「請快點上車！為諾貝爾老師解開疑惑的旅程即將展開。嗶哩哩哩！」

諾貝爾爺爺和我糊里糊塗地上了車，火車隨即奔馳了起來。

接著，奇怪的光景開始在窗外展開。是炸彈從天而降，讓人們喪命的人間煉獄！這裡是一座戰場。

廣播聲再次響起。

「這裡是 1914 年第一次世界大戰的現場，嗶哩哩哩！」

窗外的戰爭場面非常可怕。接下來的廣播內容也讓人膽顫心驚。

「各式新發明的武器紛紛在這場戰爭中亮相，導致九百萬人死亡，受傷人數也超過兩千兩百萬人。嗶哩哩哩！」

火車再度向前飛馳，窗外又再次出現驚人的景象。某個東西「砰」地一聲炸開，在空中形成巨大的蘑菇雲。那朵雲真的非常非常大。

「那是什麼？」

爺爺和我驚叫出聲，廣播聲好像等待已久似地再次響起。

「這裡是 1939 年第二次世界大戰的其中一座戰場——日本廣島。第二次世界大戰被認為是史上造成最多人員傷亡、損失最多財產的殘酷戰爭。1945 年，美國朝日本的廣島和長崎地區投下新式殺傷武器——原子彈，才結束了這場戰爭，但原子彈威力強大，造成數萬人犧牲。現在你們看到在窗外的大雲，就是原子彈引爆後所產生的雲。嗶哩哩哩！」

天呀！那朵巨大的蘑菇雲就是原子彈爆發後的景象。諾貝爾爺爺的臉因為恐懼而蒼白不已。我也被嚇壞了，瞪大眼睛，完全說不出話來。

在這期間，火車又再度將我們送回諾貝爾爺爺的房間。我們

一下車，火車隨即消失無蹤。

　　諾貝爾爺爺受到的衝擊好像不小。

　　「我發明的東西居然不斷發展成可怕的武器！還有那麼多的人因此喪命！這該如何是好？嗚嗚嗚！」

　　我也受到了不小的打擊。腦海中不禁浮現小潭曾經說過的話，她說：

　　「科學的發達的確讓我們的生活變得更便利，不

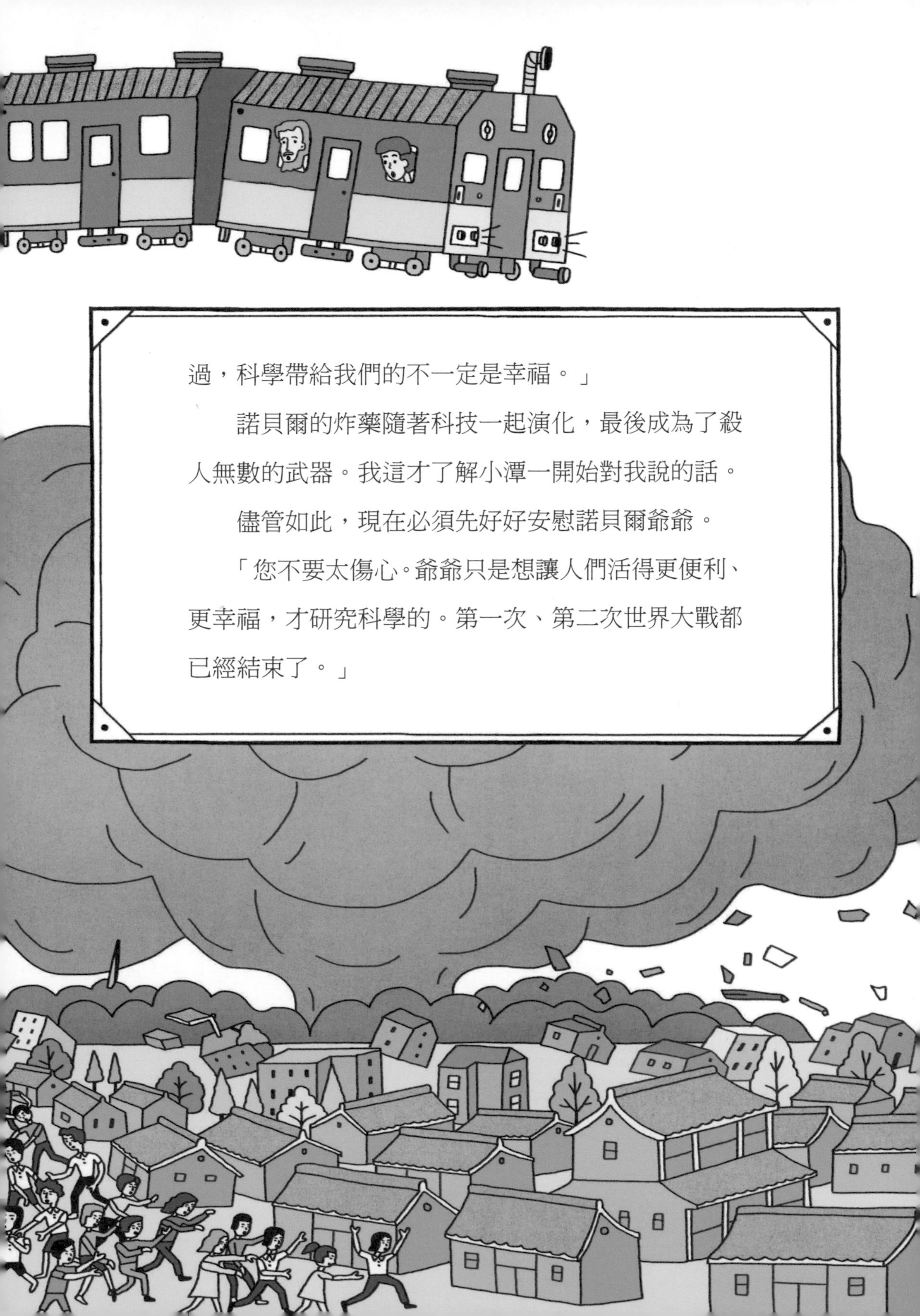

過，科學帶給我們的不一定是幸福。」

　　諾貝爾的炸藥隨著科技一起演化，最後成為了殺人無數的武器。我這才了解小潭一開始對我說的話。

　　儘管如此，現在必須先好好安慰諾貝爾爺爺。

　　「您不要太傷心。爺爺只是想讓人們活得更便利、更幸福，才研究科學的。第一次、第二次世界大戰都已經結束了。」

爺爺臉上的表情依舊十分傷心。

不知過了多久，陷入煩惱的諾貝爾爺爺調整好心情，突然站了起來。

「沒錯，現在我懂了。是不是成為最優秀的發明家一點也不重要，重要的是成為發明了什麼的科學家。科學必須朝讓人們活得幸福、可以維護世界和平的方向發展才行。」

諾貝爾爺爺似乎下定了決心，大聲說道：

「快點找出真正的遺書吧！接下來可能會發生更危險的事，如果想要阻止，就必須趕緊將真正的遺書公諸於世。」

5. 蘇特納夫人與諾貝爾的信

眼看著天就要亮了，我很著急，天亮前必須完成任務才行。我想起在踏上這段奇異的旅途前，學伴機器人說過的話：

「記住！一旦搭上火車，就不能輕易回頭！一定要完成任務才能回來！祝你和諾貝爾老師順利完成任務！嗶哩哩哩！」

萬一天亮前都還不能完成任務，我會變成什麼樣子呢？我頓時感到一陣害怕，全身起了雞皮疙瘩。

「不管發生什麼事，一定要在天亮以前找到遺書！」

既然如此，我現在需要的是更加敏銳的推理能力。

「除了律師和侄子之外，平常和爺爺比較親近的人是誰？您有沒有其他懷疑的對象？」

我犀利的問題讓諾貝爾爺爺開始陷入沉思，接著，他好像想起了一個人。

「蘇特納夫人……沒錯！如果是蘇特納夫人的話，也許知道跟我遺書有關的事，因為她是我最好的朋友。」

「您的朋友嗎？那我得調查一下這位蘇特納夫人。請問她在哪裡？」

諾貝爾爺爺再次牽起我的手，接著像閃電一樣，快速地帶著我奔向蘇特納夫人的家。

蘇特納夫人的家裡非常乾淨，客廳裡亮著一盞昏黃的小燈泡。有一位中年女子正在來回踱步。

「那就是蘇特納夫人，真是好久沒見到她了。」

諾貝爾爺爺低聲說道。因為爺爺只是個靈魂，所以不能在夫人面前現身，但他看起來還是非常高興，臉上滿是笑容。

不過，蘇特納夫人的行為有點奇怪。她雙手交握像是在祈禱一樣，口中還唸唸有詞，不停在客廳來回走動。之後，她又輕輕拍了拍胸口，呼出了一口長長的氣。

「這種動作通常是心裡覺得不安時才會做的。為什麼她會這麼不安呢？」

我心中對蘇特納夫人的疑慮不斷增加，於是我偷偷戳了諾貝爾爺爺的側腰，在他耳邊小聲地說：

「蘇特納夫人有點奇怪，她看起來好像很焦躁。」

我再次展現了我敏銳的推理能力。

「會不會是這樣呢？蘇特納夫人指使某個人去調包諾貝爾爺爺的遺書。而現在蘇特納夫人正在等待這件事情成功的消息，卻又擔心失敗，所以才會這麼焦躁。」

但諾貝爾爺爺搖了搖手。

「不可能！蘇特納夫人不是這種人！她也沒有理由這麼做吧？」

我靜靜想了一下諾貝爾爺爺的話，然後點了點頭。假遺書上沒有提到把財產留給蘇特納夫人的內容，她不會因此得到任何好處，所以應該沒有理由換掉遺書。但這樣的話，蘇特納夫人為什麼會看起來這麼不安呢？

在客廳來回走了好一陣子，蘇特納夫人突然將手伸入裙子的口袋，好像在摸索著什麼東西，但她沒找到想要的東西。接著她邊打開房門，邊喃喃自語說：

「放在房裡了嗎？」

一張很大的書桌孤零零地擺在房中。夫人走到書桌邊，突然打開其中一格抽屜，拿出一樣東西。

「原來在這裡啊！」

那是一張白色的紙。我瞬間大吃一驚。

「那……那是？」

蘇特納夫人拿出的紙，看起來很眼熟，跟假遺書的紙是一樣的，這麼說來？

「那是真正的遺書！」

真相總算要水落石出了嗎？我的心臟激動得不停狂跳。

但這又是怎麼一回事呢？蘇特納夫人突然放聲大哭。

「嗚嗚！諾貝爾，你真的就這樣離開人世了嗎？我不相信！」

這麼說來，蘇特納夫人會這麼焦躁地在客廳踱步，是因為諾貝爾爺爺的死嗎？

不是
遺書嗎？
嗯……

蘇特納夫人手抓胸口不斷哭泣。看著她的模樣，諾貝爾爺爺也露出悲傷的神情，淚水在眼眶中打轉。

「她應該是聽說了我昨晚過世的消息。居然為我的死而感到這麼傷心！真的太感動了。」

諾貝爾爺爺紅著眼眶繼續說：

「蘇特納夫人真的是一位非常善良的人。她寫了一本小說叫做《放下武器！》，內容主張應該要放下武器，停止戰爭。蘇特納夫人是一位真正的和平主義者，我平常就非常尊敬她。自從我認識夫人之後，和她有頻繁的信件往來，我才終於領悟到我也應該為人類的和平貢獻一份心力。所以，我有捐款給蘇特納夫人發起的和平運動，想要盡點棉薄之力。要不是蘇特納夫人，未來世人所知的我，大概只剩下『死亡商人』的這個惡名吧！」

聽了諾貝爾爺爺的話，我發現自己大大誤會了蘇特納夫人。這樣的人，沒有理由會做出調包遺書之類的事情。

不過，我對蘇特納夫人手中那張紙的疑惑還沒解開。那張紙上到底寫了什麼呢？

這時，蘇特納夫人正好攤開了那張紙。我悄悄走到她身邊，

致蘇特納夫人
蘇特納，我把我的想法寫在這封信上寄給妳。
我想把我部分的財產拿出來當成獎金。
這筆獎金將頒給對維護和平，付出最大努力的人。
這是我以前寄給她的信
原來這封信就是諾貝爾獎的起源啊

開始讀起寫在紙上的內容。這種時候真的非常慶幸別人看不見自己。

哎呀！原來這不是遺書，只是一封普通的信。

看著信中內容的諾貝爾爺爺點頭說道：

「這是我以前寄給蘇特納夫人的信。我習慣用同一種紙寫信，遺書也是用這種紙寫的，所以紙才會一樣。」

我頓時愣在原地。因為這封信實在是太出乎我意料之外了。想要把財產拿出來當成獎金？要把獎金頒給為和平努力的人？

蘇特納夫人深深嘆了口氣，喃喃自語地說：

「諾貝爾！我很清楚你想要做的事是什麼。但是，你怎麼可以這麼突然就撒手人寰？你不是說為了世界和平，要分出一部分財產當作獎金嗎？為什麼計畫還沒開始你就走了呢？嗚嗚嗚！我們現在該怎麼辦？要靠誰的幫助維護世界和平呢？」

就在此時，我的腦海中浮現「諾貝爾獎」這個詞。

「啊哈！是諾貝爾獎，對吧？爺爺想把獎金頒給致力於維護和平的人，這也就成了未來的諾貝爾獎。」

我好像可以猜到真遺書的內容了，一定和「提供獎金給致力於維護和平的人」有關。所以，假遺書說要將財產留給侄子們和全瑞典國民，才會讓諾貝爾爺爺如此慌張。

諾貝爾爺爺微微一笑，然後悄悄走到蘇特納夫人的身邊小聲說話，儘管蘇特納夫人根本聽不見。

「別擔心，夫人。我一定會好好守護那個計畫！」

6. 重見天日的遺書

我們急忙離開蘇特納夫人的房子，回到諾貝爾爺爺的家。

「一定要找到真正的遺書！」

火紅的太陽正準備緩緩升起。在天亮之前，真的能找到真正的遺書嗎？

時間越來越緊迫，諾貝爾爺爺也顯得手忙腳亂。

「會在這裡嗎？難道在那裡？」

他翻找著房間的各個角落，接著又突然開始自言自語起來：

「該不會是武器交易商把遺書換過來之後銷毀了吧？因為他

們根本不希望世界和平。也有可能是準備發動戰爭的國家派間諜過來，偷偷調包的也說不定。」

諾貝爾爺爺開始胡言亂語。

其實我的心情也不比爺爺輕鬆多少。等到天一亮，卻還找不到真正的遺書，假遺書就會被公諸於世了吧？那麼任務失敗的我會發生什麼事呢？該不會永遠被困在這裡，沒有辦法回家吧？啊啊！諾貝爾獎也會消失在這個世界上吧？這等於是讓我的夢想澈

底化為泡影。

我越來越著急，冒出了各種念頭。

「爺爺，您再寫一份遺書不就可以了。對，就是現在！然後再把假的遺書撕掉。」

但諾貝爾爺爺只是搖搖頭。

「真的遺書有經過我的律師公證，證明這份遺書具有法律效力。為了確保遺書有效，這是必經的過程。所以就算我現在重新

寫一份也沒有用。」

「我的天啊！難道真的沒有其他辦法了嗎？」

我害怕得走來走去。

這時，天邊開始露出微微的亮光，天要亮了。

啊啊！這一切真的就要這樣結束了嗎？我著急地望著假遺書，忍不住放聲大吼：

「這份遺書完全不是諾貝爾爺爺的意思，是假的啊！完全就是冒牌貨！到底是誰寫了這種假遺書？」

突然之間，驚人的景象在我眼前展開。

「嚇！字……字正在消失！」

遺書上原本清晰的文字開始一個、一個地消失，我用手揉了揉眼睛，想要確定自己是不是看錯了。不過，遺書上的文字仍然在一個一個地消失中。不知不覺，遺書上的所有文字都已經消失得一乾二淨，只剩下一張潔白的白紙！

諾貝爾爺爺的雙眼微微顫抖著，眼神十分驚慌。爺爺突然重心不穩，無力地跌坐在地上。接著說出了一句讓人意外的話。

「我現在才知道，究竟是誰寫了這份假遺書。」

我，阿佛烈・諾貝爾
將把累積至今的所有財產
全數留給我的祖國瑞典和我的侄子們。

嚇！
字正在消失！
真的耶！

是誰寫的？
我現在才知道，
究竟是誰
寫了這份假遺書

雖然情況變成這樣，但我相信只要好好打起精神，就能逢凶化吉。所以聽到爺爺這麼說，我立刻就提起了精神，對爺爺問道：

「真的嗎？是誰寫的？」

但諾貝爾爺爺的回答讓我嚇了一跳。

「寫下這份假遺書的犯人，好像就是我自己吧……」

這句話又是什麼意思？

「看到遺書的字一個接著一個消失，我就突然懂了，做出這件事的不會是別人，而是我的『心』造成的。」

「這話是什麼意思？」

「過去我曾經重寫過好幾次遺書。其實，我曾打算把遺產留給我的侄子們。也曾經想過，如果我把財產都奉獻給國家，應該也會得到國民們的尊敬吧？這麼一來，就可以洗刷『死亡商人』的汙名。所以，我的確曾經為此陷入煩惱之中。也就是說，假遺書上的內容，其實我真的曾經寫下來過。」

諾貝爾爺爺拿著已經變成一張白紙的遺書，眼淚撲簌簌地流了下來。

「所以這份遺書其實也不算是假的。因為這也曾是我心中的想法，所以寫出這份假遺書的人，正是我自己。」

諾貝爾爺爺的話讓我的腦海陷入一團混亂。

「也就是說，不管是假遺書或真遺書，都是爺爺您親手寫的嗎？所以說，這份假遺書其實也算是真的遺書嗎？」

「可以這麼說。但是現在這份肯定是假的了，因為我已經把之前寫的遺書全都撕掉了，只留下真正的遺書。不過，可能是我意志不堅定、三心二意的關係，覺得與其為了和平而設立獎項，或許把遺產留給侄子們或祖國人民會更好也說不定。一定是因為我有這種想法，遺書的內容才會自動改變。」

「這怎麼可能！」

以科學的角度來說，這是不可能會發生的事。夢想成為科學家的我無法相信這種無稽之談。

但是，我心裡總覺得或許諾貝爾爺爺的話是對的。這個世界上也有無法用科學解釋的事。現在發生在我眼前的事，不也都是這樣嗎？我遇見了諾貝爾的靈魂、搭上火車回到過去，從此之後發生的每件事情，都無法用科學常理來說明。而且如果找不到真遺書的話，我就會被困在過去的世界裡。這些不合邏輯的事情不也都就這樣發生了嗎！

「就算是這樣還是很奇怪。那您說遺書上的內容為什麼會消失呢？」

諾貝爾爺爺用低沉的聲音說道：

「因為現在我確定了我的心意。」

諾貝爾爺爺把雙手緊緊交握，舉向天空，然後用誠懇的聲音祈禱。

「現在，我的心意已定，心裡的矛盾也全都消失了。我的願望只有一個——就是為了人類的和平奉獻我的財產！就是這樣而已。我的心願只有這個。所以，請讓我真正的遺書重見天日吧！」

諾貝爾爺爺的眼神充滿確信，那是一種毫無不安，平靜而堅定的眼神。真正的遺書會像諾貝爾爺爺祈禱的那樣，重新出現嗎？如果可以成真不知道該有多好？不，現在除了這個方法之外，也沒有其他方法了。窗外的天空已經漸漸變亮。

我也握住諾貝爾爺爺的雙手，懷著迫切的心情和爺爺一起祈禱。

「請把真正的遺書還給我們吧！請救救諾貝爾獎吧！拜託！」

是我和諾貝爾爺爺的願望成真了嗎？

神奇的事又再次發生了。

「新的文字出現了！」

原本乾淨的白紙上，開始一個字、一個字地出現新的內容。

「哇！是真正的遺書！遺書回來了！」

我興奮地蹦蹦跳跳，大聲叫喊。

－遺書－

我希望將我財產中可以兌現的部分換成金錢，作為下列用途。用這筆錢成立基金，每年獲取利息，設立獎金，頒發給前一年度對全人類有重大貢獻者。希望這份利息可以均分成五份，頒發給在下列五個領域有傑出貢獻的人。

第一，在物理學領域做出最重要發現或發明的人。

第二，在化學領域做出最重要發現或發明的人。

第三，在生物學或醫學領域做出最重要發現或發明的人。

第四，在文學領域中朝理想邁進，寫出最傑出作品的人。

第五，在加深各國友誼、廢止或縮減軍隊，或是主張、舉辦和平會談上做出極大貢獻的人。

－阿佛烈·諾貝爾－

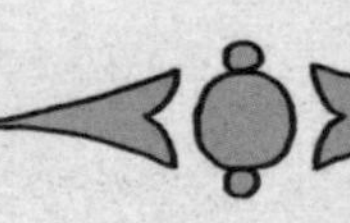

恭喜您！
EARTH
N
砰！

不知不覺天已經亮了。清晨的陽光將重見光明的遺書照得閃閃發亮。

「就是這遺書創立了諾貝爾獎！」

這份遺書不過是一張薄薄的紙，但這張薄薄的紙，竟然是引領人類歷史走向和平的偉大開端！我心中不禁感到一陣激動。

不久後，一陣「叭叭啦叭叭」的喇叭聲響了起來，這是任務成功的聲音。我有一個感覺，這大概也是預告離別的聲音。這一刻，諾貝爾爺爺的身影開始漸漸消失。爺爺臉上掛著幸福的微笑，整個人開始往天空雲層飛去。爺爺的身影就要消失了，他對我喊：

「杜利！你一定可以製造出能守護和平的發明！你一定能成為傑出的科學家！」

諾貝爾爺爺一消失，火車和學伴機器人也突然現身。等我一搭上車，火車便騰空飛起，學伴機器人的聲音也在我耳邊嗡嗡響起。

「恭喜你！任務順利完成！奇異之旅到此告一個段落，該是說再見的時候了。嗶哩哩哩！」

7. 杜利的約定

回過神來，我發現自己又回到了廁所，裡面的東西雖然沒有任何改變，但火車和學伴機器人不在了、「奇怪的人文學教室」公告也不見蹤影，只留下一間再平凡不過的廁所。我突然又感到尿急。

「真是一段不可思議的旅程。幸好有得到優勝，不然就沒辦法經歷這麼特別的旅程了啊！」

雖然我還是有點搞不清楚狀況，但同時也覺得既驕傲又開心。

我急忙上了廁所。

一走出廁所，我就聽到禮堂傳來的廣播。

「頒獎典禮即將開始，請各位貴賓移駕至禮堂。」

我連忙加快腳步。

一踏入禮堂，就看到來為我加油的朋友們。我的目光第一個捕捉到的就是小潭的身影。小潭向我揮了揮手。

「怎麼這麼慢？快過來！」

「嗯，其實我……」

我想和小潭分享旅行的點點滴滴，學伴機器人的事、諾貝爾爺爺的事，我都想告訴她。

但是，當我正準備開口的時候，卻突然覺得怪怪的。我對旅程的記憶突然變得模糊，一切都像場夢一般。會不會我其實只是做了一場夢？

小潭露出疑惑的表情。

「怎麼了？你是不是有話想說？」

「呃嗯，其實……」

我換了話題。

「我想了一下，覺得妳說的沒錯。」

「什麼？」

「妳之前不是跟我說過嗎？科學的發達的確讓我們的生活變得更便利，不過，科學帶給我們的不一定是幸福。」

「嗯。所以呢？」

「我覺得這句話說得沒錯，所以我決定了，我要成為可以帶給人們幸福的發明家。」

小潭露出燦爛的笑容。

「哇！得到優勝之後，你也變得更有想法了。真不愧是杜利！你的確有資格得到優勝，你一定可以成為傑出的科學家。恭喜你，杜利！」

頒獎典禮正好開始。

「優勝者江杜利！請到頒獎台上來。」

我接受眾人的掌聲和歡呼，走上了頒獎台。當接下獎狀和獎盃的那一刻，我的心情簡直就像是要飛了起來。咦？這又是什麼？

「優勝者將獲得『奇異發明之旅周遊券』這份獎品。恭喜江杜利同學！」

一個巨大的信封就在我的手掌心，真是讓人好混亂啊！那不

優勝
江杜利

久前在廁所裡經歷的那段旅程又是怎麼回事？

「我剛剛已經參加過旅行了啊？就在廁所裡。」

把周遊券交到我手裡的老師露出一臉覺得莫名其妙的表情。

「你在說什麼啊？這才是周遊券啊。你還真是愛開玩笑，呵呵呵！總之，不管什麼時候，在你有空的時候，只要用這張周遊券預約就可以了。可以讓你走遍全世界的發明博物館喔！」

那剛剛結束的那段旅程究竟是什麼呢？難道是我被鬼魂迷惑了嗎？我一臉呆滯地步下頒獎台。這時，耳邊突然傳來一陣熟悉

的聲音。

「杜利啊！別忘了！你和我的約定！」

是諾貝爾爺爺的聲音。

我不禁偷偷笑了出來。這一切就算是夢也好，是被鬼魂迷惑也沒關係。我經歷了一場最酷的旅程。在這世界上，除了我之外，可能沒有人能經歷比這更精采的旅行了。我用幾乎可以震垮禮堂

的聲音大喊：

「是的，諾貝爾爺爺！我一定會遵守約定，創造守護和平跟讓人幸福的發明。請您拭目以待！」

雖然無法確認，但是我相信諾貝爾爺爺一定有聽見我的聲音，而且他一定會為我將來的偉大發明加油的。

學伴機器人的特別課程

・科學的世界史

・書中的人物，書中的事件

・使思考成長的人文學

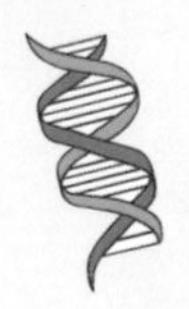

科學的世界史

人類科學發展史

人類發明了許多工具，因此人類的歷史也可稱為是科學的發展史。在人類歷史上，科學是如何發展的呢？讓我們透過改變歷史的偉大發明和事件，了解科學發展的歷史和意義吧！

・火的發現與使用（**180 萬年前**）

火的發現與使用，改變了人類料理食物的方式，並使烹調工具有了快速發展，可說是人類發展科學技術的起點。

最早出現輪子的圖畫記錄

・輪子的使用（**約西元前 3500 年**）

雖然無法確認誰是第一個發明輪子的人，不過，最早畫出車輪的圖像，推測是在古代美索不達米亞。人們將巨大的原木裁切成圓形木板，做成輪子。輪子的發明使人們可以將沉重的貨物搬往遠方，促進商業發達。

・文字的發明（約西元前 3000 年）

古代美索不達米亞的蘇美人將從前流傳下來的圖像變形後，創造出了楔形文字。這些書寫在黏土上的文字形狀就像楔子，因此被稱為楔形文字。這個時期，埃及與中國也創造了象形文字，歷史開始被記錄下來。

・紙張的發明（約西元 105 年）

第一個發明紙張的人，是中國東漢的官吏——蔡倫。蔡倫混合了樹皮、破布等材料，製成紙漿，再將紙漿壓製和曬乾，終於做出與現在使用的紙張非常相似的紙。蔡倫的造紙技術很快就廣為流傳，讓知識的保存與傳布更為便利。

・伽利略的日心說（西元 1632 年）

過去，人們認為地球是宇宙的中心，相信「地心說」。但哥白尼卻提出了太陽才是宇宙中心的「日心說」。伽利略不但認同日心說，還找出證據編寫成書。但是，因為日心說違反了當時的宗教教義，無法獲得普遍的支持。此後也有許多學者證明日心說才是正確的，開啟了全新的天文學時代。

伽利略

・生命的起源——細胞的發現（西元 1665 年）

英國科學家虎克用顯微鏡觀察軟木塞的切面時，第一次發現了細胞的存在。細胞是組成生物身體的基本單位。在這之後，許多學者的研究結果顯示所有植物與動物的身體都是由細胞組成，讓生物學得以大幅發展。

・牛頓——萬有引力的發現

（西元 1687 年）

牛頓看著掉落的蘋果，發現所有具有質量的物體，都擁有會相互吸引的「萬有引力」。

・汽車的發明（西元 1769 年）

居紐的蒸氣汽車

法國發明家居紐利用蒸汽機發明了第一輛汽車。此後經過許多人的改良，才又誕生了各式各樣的汽車。汽車的發明讓人類可以迅速移動，但也讓地球開始面臨環境汙染這個巨大的問題。

工業革命的推手——英國發明家瓦特的蒸汽機

・工業革命（十八世紀前後）

十八世紀前後，因為機械和技術革新，引爆「工業革命」。在這個時代，蒸汽機、紡織機等便利的機械如雨後春筍般出現。工業革命以英國為起點，迅速蔓延至其他國家，顛覆了歐洲的經濟和社會結構。

・道耳頓——原子的發現

（西元 1803 年）

道耳頓提出「原子説」，主張世界上所有的物質都是由微小粒子——原子所組成。道耳頓的原子説對化學研究產生重大的影響。

・達蓋爾——銀版攝影法的發明

（西元 1839 年）

在達蓋爾發明銀版攝影法之前，想要拍攝一張照片得花費八個小時，而這個技術出現後，將時間縮短為三十分鐘。在這之後，攝影技術逐漸進步，甚至出現了電影與立體影像的技術。

銀版照相機

・諾貝爾——矽藻土炸藥的發明

（西元 1867 年）

諾貝爾為了發明安全炸藥而投入研究，並成功研發出名為矽藻土炸藥的新型炸藥。這種炸藥因為具有強烈的爆發力，也被用來當作戰爭的武器。

・達爾文——進化論的主張

（西元 1859 年）

達爾文在《物種起源》一書中提出「只有適應環境的物種才得以生存，並持續進化」的進化論。這個理論挑戰了當時主張「所有生物都是神所創造」的創造論。

・貝爾——電話的發明

（西元 1876 年）

貝爾

貝爾是第一位發明電話的人。不過，據說同一時期有許多人也發明出類似的成品，貝爾不過是第一個取得專利的人。貝爾的電話將人的聲音轉變成電子訊號，再利用電線傳達。在這之後，出現了使用電波的無線攜帶式電話。

・燈泡的發明（西元 1878 年）

愛迪生燈泡

英國科學家約瑟夫・斯萬於西元 1878 年發明了燈泡並取得專利。同年，愛迪生也製作出燈泡，於 1889 年獲得專利。有了燈泡之後，人們開始不分晝夜地工作，睡眠的時間隨之減少。所以，也有人認為企業主因此獲得最多好處。

・居禮夫婦——放射性物質鐳的發現（西元 1898 年）

第一位發現放射能的人是貝可勒。而皮耶・居禮和瑪麗・居禮夫婦兩人後來在進行放射能研究的時候，發現了能釋放更多能量的放射性物質——鐳。鐳常被用於癌症的放射治療。不過，瑪麗・居禮夫人因為實驗時接觸了過量的放射線，晚年為白血病所苦。

・倫琴——X 射線的發現（西元 1895 年）

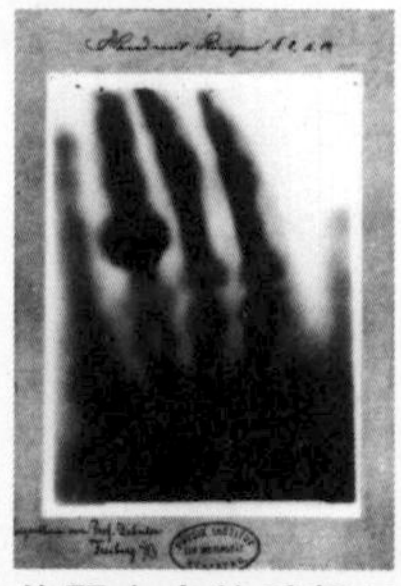
倫琴夫人的手部 X 光照片

德國科學家倫琴發現一種可以穿過物質的新型射線——X 射線。X 射線的發現讓我們可以一窺體內的樣貌，現在 X 射線多被用於探測肺結核等體內疾病，或拍攝骨骼照片。不過，如果長期照射 X 光，可能會對身體產生危害，必須謹慎使用。

・萊特兄弟——動力飛機的發明（西元 1903 年）

萊特飛行器

萊特兄弟發明了螺旋槳飛機，也就是動力飛機（萊特飛行器）。在試飛成功之後，人們長久以來翱翔天際的夢想也得以成真。

・愛因斯坦——相對論的發表

（西元 **1905** 年、**1915** 年）

愛因斯坦

愛因斯坦在西元 1905 年和 1915 年分別發表了狹義相對論和廣義相對論。相對論對於時間與空間提出全新想法，顛覆了以往物理學的觀點，為新的現代物理學打下基礎。

・投下原子彈（西元 **1945** 年）

第二次世界大戰時，美國在日本的廣島和長崎各投下了一枚原子彈。由於後果相當慘烈，讓原子彈被稱為「人類史上最邪惡的發明」。

在長崎投下的原子彈

・廣播放送（西元 **1920** 年代）

西元 1920 年代，廣播節目在美國流行了起來。十年之後，全世界聆聽廣播的時代來臨。西元 1925 年，貝爾德發明了電視，開啟了媒體的時代。

貝爾德與電視設備

・電子計算機（電腦）——ENIAC 的發明（西元 **1946** 年）

隨著第一台電子計算機（電腦）——ENIAC 被發明出來，正式開啟了電腦的時代。西元 1974 年，MITS 公司推出的第一台個人電腦——Altair 8800 上市。而時至今日，幾乎家家戶戶、每個人都擁有一台電腦。

・發現 **DNA** 的奧祕（西元 **1953** 年）

華生與克里克發現了帶有遺傳訊息的結構——DNA，為二十世紀的生命科學揭開新的篇章。同一時期，英國數學家艾倫・圖靈研究出人工智慧的原理，正式開始了與此相關的研究。

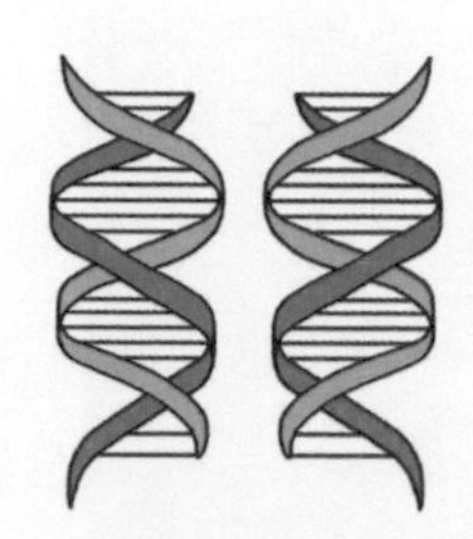

DNA 雙股螺旋構造

・加加林——第一位進入太空的人類（西元 **1961** 年）

蘇聯（俄羅斯）太空人加加林成功完成了人類首次的太空飛行，刺激美國加快投入太空競賽的腳步。

加加林

・網際網路的誕生（西元 **1960** 年）

西元 1960 年，美國高等研究計畫署的研究用網路——ARPANET 被視為網際網路的起源，之後，網際網路成為連結全世界的通訊網。網際網路的發達，也讓人類邁向了資訊化的社會。

・幹細胞與複製羊（西元 **1960** 年代）

幹細胞會製造我們體內其他種細胞，讓人類壽命得以延續。幹細胞研究始於 1960 年代。西元 1996 年，英國的羅斯林研究團隊培育出複製羊「桃莉」，並表示人類的複製也是有可能實現的。

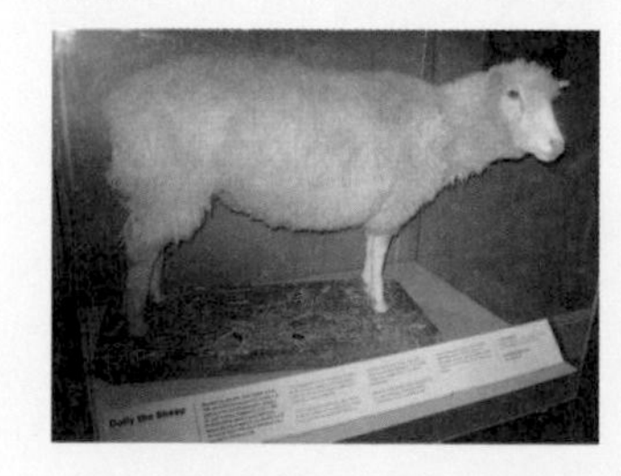

複製羊桃莉的標本

・車諾比核電廠爆炸（西元 1986 年）

烏克蘭共和國的車諾比核電廠於西元 1986 年 4 月 26 日發生爆炸事故 。 輻射汙染了周圍的地區，也讓人們知道核能會帶來非常嚴重的災害。

爆炸後的車諾比

・人工智慧機器人的誕生

（西元 2000 年）

ASIMO

西元 2000 年，日本正式發表了被命名為「ASIMO」的人工智慧機器人。人工智慧機器人像人類一樣擁有學習、記憶與應用的能力。此後，人工智慧的技術蓬勃發展，據說在未來，人工智慧將取代人類從事各種工作，成為機器人與人類共存共榮的世界。

人類的歷史透過科學的發展不斷進化。不過，隨著科學發展，環境汙染、地球暖化、生命道德等問題也一起出現了。未來，當幹細胞或人工智慧等最尖端的技術變得更加發達時，也可能會導致更嚴重的問題。因此，科學家與相關專家們更應該要具備對科學發展副作用的警覺心。

書中的人物，書中的事件
——諾貝爾與諾貝爾獎

諾貝爾的矽藻土炸藥成了危險的武器

阿佛烈・諾貝爾生於西元 1833 年 10 月 21 日，是瑞典企業家伊曼紐爾・諾貝爾的兒子。父親伊曼紐爾從事火藥製造，所以諾貝爾從年輕時開始，便為了協助父親而投入火藥改良研究。

阿佛烈・諾貝爾

諾貝爾於 1863 年，發明了混和硝化甘油與黑色火藥的炸藥。新發明的炸藥擁有更強大的爆發力。諾貝爾和父親、弟弟開設炸藥工廠，販賣這種新型炸藥，展開火藥事業。

但就在隔年，工廠發生爆炸意外，造成五人喪生，其中一人為諾貝爾的弟弟。諾貝爾因此下定決心要研發出安全的炸藥。西元 1867 年，諾貝爾成功發明了安全的炸藥——「矽藻土炸藥」。在這之前，用於炸藥的材料是液狀的硝化甘油，容易爆炸，非常危險，但是矽藻土炸藥是固體炸藥，比較沒那麼容易爆炸，而且威力更強大。此後，諾貝爾也成功研發出其他種類的炸藥。西元 1886 年，他成立了全世界第一間跨國企業——「諾貝爾矽藻土炸藥信託」，累積了巨大的財富。

不過，諾貝爾隨即遭到眾人指責。因為當時許多國家都用了諾貝爾發明的炸藥作為戰爭的武器。諾貝爾發明的炸藥殺傷性極強，造成許多士兵傷亡，因此有人稱呼諾貝爾為「死亡商人」，並嚴厲地責罵他。

其實，諾貝爾十分尊敬同為瑞典人的技術人員愛立信。愛立信是一位對武器有著不同想法的人，他的想法是：

「如果出現一種威力強大的武器，就可以讓戰場受到徹底破壞。如此一來，不論是什麼國家，也不論他們願不願意，都會無法再挑起戰爭。這樣世界上就不會再有戰爭發生了。」

諾貝爾對這個想法表示贊同，因此諾貝爾一開始對自己的發明變成武器這件事，並未覺得有什麼不好。

但是隨著戰爭爆發後，諾貝爾看到數以萬計的人因此喪命，他的內心受到很大的打擊。再加上戰爭也看不出有結束的跡象，死亡人數又不斷地增加。這時，諾貝爾才陷入深深的懊悔之中。

「如果沒有發明炸藥，就不會有這麼多人死去了。」

諾貝爾特別的遺書

貝爾塔・馮・蘇特納

諾貝爾為了想對死去的人表達遺憾之意。所以，他每年都會捐贈約一百萬法郎給慈善事業，也開始關注和平運動。

這時，諾貝爾正好遇見了撰寫《放下武器！》一書的和平運動家——貝爾塔・馮・蘇特納，讓諾貝爾對和平運動產生了更多想法。諾貝爾與蘇特納討論了各種阻止戰爭的方法，並捐款支持蘇特納的和平運動事業。最後，就在諾貝爾過世之前，他下定了決心。

「把我的財產都用在科學發展與世界和平上吧！」

諾貝爾抱著對追求科學發展和世界和平的迫切心情寫下了遺書。西元 1896 年 12 月 10 日，諾貝爾嚥下最後一口氣。但當時人們關心的焦點全都聚集在他的遺書上。

尤其瑞典國民們特別關注此事。因為當時的瑞典正陷入經濟困境，政府與國民都希望諾貝爾能將財產用於瑞典的經濟發展上。

不過，公布後的遺書內容完全出人意料之外。

我希望將我財產中可以兌現的部分換成金錢，作為下列用途。用這筆錢成立基金，每年獲取利息，設立獎金，頒發給前一年度對全人類有重大貢獻者。希望這份利息可以均分成五份，頒發給在下列五個領域有傑出貢獻的人。

第一，在物理學領域做出最重要發現或發明的人。

第二，在化學領域做出最重要發現或發明的人。

第三，在生物學或醫學領域做出最重要發現或發明的人。

第四，在文學領域中朝理想邁進，寫出最傑出作品的人。

第五，在加深各國友誼、廢止或縮減軍隊，或是主張、舉辦和平會談上做出極大貢獻的人。

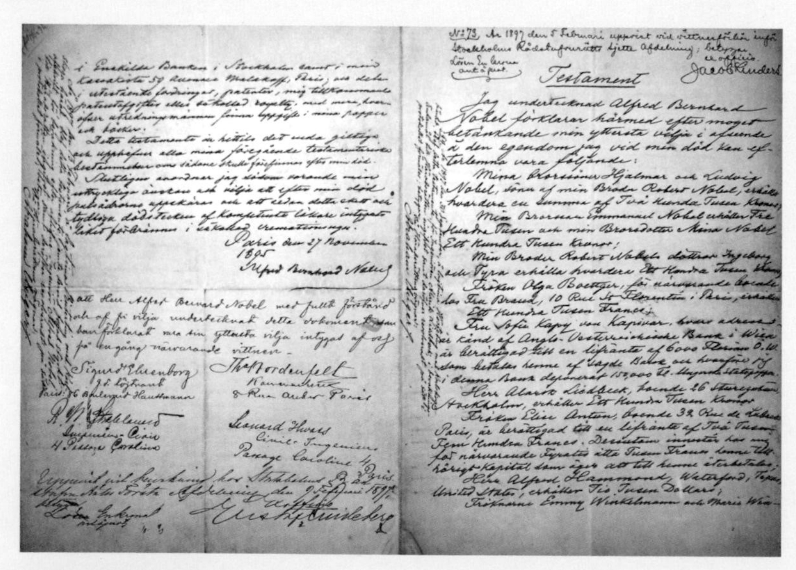

諾貝爾的遺書

遺書公布後，全瑞典國民都感到相當失望。

「怎麼可以對貧窮到飢寒交迫的人民們置之不理呢？」

瑞典國民感到氣憤，瑞典國王奧斯卡二世甚至還試圖修改諾貝爾的遺書。

「諾貝爾的遺產一定可以幫助瑞典人民過上寬裕的生活。但他為什麼做出這種莫名其妙的事呢？諾貝爾肯定有精神上的問題！」

諾貝爾獎終於誕生了！

諾貝爾對於自己的發明被當成武器，造成許多人傷亡，而感到非常痛苦。所以，諾貝爾的遺書其實是他深思熟慮後的結果。不過，大部分的人都無法理解他的想法。因此諾貝爾的遺書過了很長一段時間，仍舊無法實行。五年之後，才終於得以實現。西元 1901 年，依照諾貝爾的遺書設立了獎項，人們稱這座獎為「諾貝爾獎」。此後，諾貝爾獎選出對人類文明發展有卓越貢獻的個人或團體授予獎勵，並逐漸發展成世界級的重要獎項。

諾貝爾獎獎牌

諾貝爾獎委員會會議室

諾貝爾獎分成物理學、化學、生物／醫學、文學、和平與經濟學等六大領域。一開始根據諾貝爾的遺書，只設立了五個領域，但是西元1969年開始，新成立了經濟學獎，變成六大領域。諾貝爾獎的頒獎儀式定在每年諾貝爾的忌日——12月10日，於瑞典首都斯德哥爾摩舉行。

諾貝爾獎也對瑞典的發展有很大的幫助。瑞典因為設立了「諾貝爾獎」這種意義重大的獎項，在國際間備受肯定，在文化、經濟層面都得以發展。

這時，瑞典國民才真正接受了諾貝爾的想法——他希望全世界的人們都可以獲得真正的和平與幸福。

不知道是不是因為諾貝爾獎成立的宗旨，許多獲獎者都會將獎金捐出。西元 1998 年，獲得諾貝爾和平獎的約翰・休姆將獎金全部捐贈給窮人和遭受暴力的受害者；同一年，獲得諾貝爾經濟學獎的阿馬蒂亞・森也將獎金捐出，作為貧民救濟基金；西元 1999 年，得到諾貝爾和平獎的團體「無國界醫生」，則將獎金全數用在購買必備的醫藥品上。弗里喬夫・南森、亨利・杜南、德蕾莎修女等多位獲獎人，也將獎金用來救助貧困的人，傳承了諾貝爾的志向。

＊本書部分情節與圖像為作者想像與創作，或與史實有些出入。

使思考成長的人文學

1.杜利的好友小潭曾說：「科學的發達的確讓我們的生活變得更便利，不過，科學帶給我們的不一定是幸福。」為什麼小潭會這樣想呢？請想一想，並寫下理由。

2.在踏上人文學教室的旅程前，杜利認為：「如果人類想享受科學帶來的便利，同時就也應該承受科學造成的後果，像是公害、汙染等壞事。」他為什麼會這麼想呢？請想一想，並將理由整理在下方。

3. 見到諾貝爾爺爺後，杜利改變了想法。杜利想法的前後變化為何？讓杜利產生這種改變的原因又是什麼呢？請仔細閱讀書中內容，再寫下來。

4. 如果你可以像杜利一樣踏上特別的科學之旅，你想見到哪一位科學家呢？請試著想像一下，在與那位科學家一起踏上的奇異之旅中，可能會發生什麼事情呢？簡單寫下你們旅行的內容。

嗶哩哩哩！